U0215661

民·潮

月份牌图像史

Sketches of Calendar Poster

张信哲　张艺安　编著

上海人民美術出版社

编委

Contents

目录

Introduction

导读

1843年上海开埠，外商纷纷涌入，各大洋行为了推广商品，将本国商业广告画引入中国市场。继之，为了迎合中国消费者的喜好，各大洋行又雇佣中国本土画家，结合传统年画、历画的形式，创造了月份牌广告画。

月份牌广告画是作为一种商业广告宣传手段而萌生和发展的，为了实现宣传目的，画家们必然以时下最时新的事物作为描绘对象，绘画题材逐渐从戏曲典故和神话传说，发展为时髦女郎、摩登生活和幸福家庭。因此，月份牌广告画的内容包含衣、食、住、行和休闲娱乐等多个方面，在一定程度上映照着近现代上海社会生活的种种变化，同时也悄无声息，却行之有效地将这种变化渗透到了人们的生活方式、消费习俗等方方面面之中。郑曼陀、谢之光、杭穉英、胡伯翔等月份牌广告画画师，是中国近现代商业美术设计的开创者。他们用画笔捕捉时尚生活方式，凭借当时先进的印刷技术，将广告画流传到普通民众家庭，成为人们追逐摩登的范本。与其说他们是潮流的见证者与践行者，不如说他们是那个时代潮流的引领者。短短的几十年间，这些艺术家们所创作的月份牌已然成为近现代上海的文化符号之一，亦成为近现代上海城市形象的隐喻和缩影。

随着历史的冲刷、社会的变迁，存世的月份牌广告画印刷品已经不多，原画底稿则更为罕见。幸而有像本书作者一样的收藏家一直不遗余力地收集、保存这些极其珍贵的艺术作品。本书记录了张信哲先生20余年来收藏的60多幅月份牌原稿画及相关服饰，带领读者重温浮世中的那抹真实幻影；也希望读者可以借此重新认识了解这些艺术家、商业设计开创者乃至潮流引领者留下的文化财富，以及他们给我们当下的美学带来的思考和灵感。

Preface

序一

月份牌是一种单张年历的旧称

薛理勇

月份牌是一种单张年历的旧称，记录当年每个月的天数和每天的星期，上海等江南地区把“月”讲作“月份”或“月分”，遂被叫作“月份牌”。月份牌脱胎于传统的“春牛图”，古代中国是农业国，一年四季的气候变化对农业生产有至关重要的影响。古代中国也是当时天文学最发达的国家之一，传统上，每年的农历十月，皇帝或中央政府会向大臣或地方政府颁送历书，这种历书被称为“皇历”，因大多使用黄纸印刷，又被称为“黄历”。皇历装订成册，常人使用不方便，价钱较贵，清代以后就出现单张印刷的年历。以前，中国把立春作为春天的开始，全国各地要举行“鞭打春牛”的活动，这是政府“劝农”的号令，提醒和告诫勿忘农事，单张年历上面印有“鞭打春牛”的图画，于是，这种年历被称为“春牛图”。“春牛图”木刻雕版线条粗犷，无法把一年的日期印刷在一张纸上，一般只能印刷每月初一和十五的干支。

近代以后，上海是最早步入近代化的城市，也是最早的公元历和传统农历并用的城市。同时使用不同的历法，农历和公元历、传统的干支和西方的星期需要换算，正确的日期对城市生活至关重要。同时，西方的石版印刷技术可以把纤细的线条清晰地印刷到纸上。清光绪九年十二月二十八日（1884年1月25日），《申报》在头版二条的显要位置，以“申报馆主人谨启”的名义公示，说：“本馆托点石斋精制华洋月份牌，准于明正初六日随报分送，不取分文。此牌格外加工，字分红绿二色，华历红字，西历绿字，相间成文。华历二十四节气分列于每月之下，西人礼拜日亦挨准注于行间，最宜查验。印以厚实洁白之外国纸，而牌之四周加印巧样花边，殊堪悦目。诸君或悬诸画壁，或夹入书毡，无不相宜。”月份牌检索方便，使用者会一年365天张贴或悬挂在户内墙壁上，很快被商家利用。开设在上海小校场一带的石印年画商开始设计、印刷、销售石印月份牌。同时，许多商家委托印刷厂印制月份牌，月份牌也成了商家的广告画，画面日新月异，印刷精益求精，成为独立的商品和艺术门类。1906年出版的《沪江商业市景词 · 月份牌》提道：“中西合历制成牌，绘得精工异样佳。分送频年交往户，藉招生意贺同侪。”

顾名思义，月份牌的用途在于记录、查阅日期，进入20世纪20年代后，知道、了解

“日期”“星期”，对城市生活的市民越来越重要。各种各样的年历、月历、日历应运而生，越来越多。作为年历使用的月份牌，画面太大，记录日期的“月份牌”太小、太简，其功能远不及月历、日历方便、好用，销售量锐减。于是，月份牌向两极发展：其一，放弃或缩小配图，成为真正意义上的以月历或年历为主的月份牌；其二，放弃或减少月份牌的功能，向年画、广告画、宣传画转变。最终，月份牌徒有其名，而无其实，成了年画或广告画的另一个名称。

月份牌的始创者是“点石斋石印书局”，它的创始人和老板就是中国近现代风俗画的开创者、著名画师吴友如（?—约1893）。毫无疑问，吴友如就是月份牌的开山老祖。小校场许多年画作坊的画师成为月份牌创作的高手；进入民国以后，一些受过西方绘画训练的画师也参与其中。西方绘画技术的应用，使月份牌的画面日益精致，对月份牌的发展起到推波助澜的作用。早期的月份牌题材主要是传统的历史故事、民间传说、戏剧人物、名胜古迹；民国以后，妇女解放，仕女图成为月份牌的主流，配以新时代、新潮流、新风尚、新科学背景，月份牌从一个侧面反映了当时社会的风气和风尚。“曲线美”是美术术语，最早由英国画家荷迦兹（1697—1764）在《美的分析》一书中提出，以为一切由所谓的波浪线、蛇形线组成的物体，都能给人的视觉以变化无常的追逐，从而产生心理乐趣。这一理论在20世纪20年代传入上海，对上海的审美观念和情趣产生巨大的影响。上海人浮想联翩，将“曲线美”联想到女人的肌体，“胸前高耸两峰痕，背后还翘一大臀。窄袖短衣双臂露，登徒哪得不消魂”，于是一种被称为“旗袍”的紧身露臂女子服饰应运而生，同样着旗袍的女子充斥了月份牌的版面。旗袍是服装，除了美观，还得得体，行动自如，而月份牌是画作，月份牌上的旗袍不是实用服装，只追求画面好看，不必追求衣服是否得体。所以，月份牌上的旗袍并不是真正的服装，画师可以自由创作、随意发挥，也就是如此，月份牌上的旗袍成了画师的旗袍设计稿、时装秀，引领上海时装的发展和进步。

月份牌退出历史舞台许多年了。改革开放后，中国掀起了一股民间收藏热，昔日的月份牌成为民间收藏的一大门类，受到人们的青睐。对老一辈来说，月份牌是难以忘却的记忆；对新时代的人来说，月份牌则是窥视昔日的窗口。

Preface

序二

时代的印记——月份牌广告宣传画

杭鸣时 口述 · 陈艺芬 笔录 · 邢池 编写

月份牌广告画是作为一种商业广告宣传手段而萌生和发展的，是中西文化嫁接而成的新型本土化商业美术形式，不可避免地带有商业性的特点。也正因如此，月份牌广告画的“艺术性”被长期漠视，研究价值也被长期忽略。然而，月份牌广告画独树一帜的艺术特点和在近现代美术史上的地位是客观存在的。这些丰富的画作还凝聚了近现代上海都市生活的缩影，让后人得以窥见近现代上海的社会生活、时尚风貌和审美变迁。

2019年11月22日，“民 · 潮”项目组在苏州粉画艺术馆拜访了杭穉英之子——杭鸣时先生。作为亲历者和见证者，杭鸣时先生向项目组讲述了月份牌广告画的创作过程和社会影响。在他看来，月份牌广告画是影响当时社会潮流的媒介，是中国传统艺术与商品艺术的平衡点，也是带有强烈时代印记的时代产物。

首先，月份牌广告画参与构建了当时的社会潮流。过去由于受到通信技术和传播技术的限制，广大民众可以接触到的艺术作品不多，艺术类展览通常一年只举办一至两次，且受众范围极小。而作为商品宣传形式之一的月份牌广告画，是老百姓极易接触到的，这种印刷品无须专门订购，只要买两盒英美烟草公司生产的香烟，就可以凭烟盒内的赠券免费换取。许多大小商场、百货商店都实行“购物一件，获赠香艳广告一枚”，还有一些化妆品公司实行“空瓶换美女图”。

由于画上附有中西年历，加之极佳的装饰效果，老百姓喜欢将月份牌贴在墙上，一贴就是一年，甚至几年，画面内容不知不觉便深入人心了。月份牌广告画中的美女穿着夺人眼球的时装，使用着最新潮的物品，享受着最新式的消费，使看惯了传统仕女的普通百姓耳目为之一新，广告画中呈现出的时尚消费、健康休闲的生活方式等，也无形中影响了市民的消费理念和生活观念。

其次，月份牌广告画是中国传统艺术与商品艺术的平衡点。月份牌广告画作为广告手段面向的是广大群众，而不是一小部分的架上艺术欣赏者，大众的审美趣味往往影响甚至决定了月份牌广告画的艺术取向。因此，月份牌广告画的艺术表现与当时的社会艺术主流显示出了巨大的差异性，一些正统艺术家认为这不是艺术，只是商品。与纯艺术绘画作品不同，月份牌广告画的目的是宣传商品、刺激消费者的购买欲望。画家按照商家的要求进行月份牌广告画的创作和绘制，并以商品的形式将画作卖给商家，从而获取相应的报酬，随后商家对画作进行大量的印刷复制。商业气息浓厚是月份牌广告画作为艺术作品的局限性。在杭鸣时先生的记忆中，父亲杭穉英曾在一次画家间的聚会上发表了一些对于色彩的看法，因为月份牌广告画同样是很讲究色彩的，一位画家却当场指着杭穉英道："你也懂色彩？也配谈色彩？""这样的公开侮辱，令父亲感到非常丧气，所以父亲不让子女学月份牌广告画。"

"我父亲看外国电影、海报、卡通画，学习新的表现手法，所以他的画有中国画的笔法色彩，也有西洋画的光影。他还经常带着画室的学生四处观察学习：去舞厅看跳舞；到商店看橱窗布置——橱窗展示的往往是当时最时尚的东西，旗袍美女就是通过这样的观摩学习画出来的；买石膏像，在家对着石膏像临摹。正因为有了这些积累，才有可能画出这么多的画。"杭鸣时先生认为，月份牌广告画是画家们规规矩矩、认认真真、一枝一叶画出来的，画家们为了取得良好的画面效果，不断探索，善于吸收，使月份牌的绘画技法日臻完善。

最后，月份牌广告画是特定时期的产物，带有强烈的时代印记。杭鸣时先生认为，月份牌广告画形成了一个时代的符号，海派文化的符号，"现代多种表现20世纪30—40年代的剧目，无不以月份牌广告画作为时代的象征"。

"海派"是出现于晚清光绪年间至民国初期的一个上海地区画派。鸦片战争以后，中国五口通商，上海开埠。凭借着优越的地理位置和对外开放口岸的有利条件，上海成为一个流动的集散地，各家画派的风格、画法都于此交流、汇合，铸就了上海绘画的新特色。而"海派"区别于其他画派的重要特征，一是其努力吸收西画的画法特点，二是商品意识深深扎根于绘画。

从"海派"的特色与风格来看，商业美术，尤其是月份牌广告画，正是地地道道的海派绘画的延续和发展。因此，如同"海上画派"的出现一样，月份牌广告画也可以说是上海近现代工商文明发展催生的产物，它的出现不可避免地被深深打上时代的烙印。

Collector's Preface

自序

张信哲

随着时代的改变，人的审美也许不同于以往，但对美的追求相信一直不变。当我们回顾20世纪前半叶，在动荡多变的时局的推动之下，务实的实用主义反而孕育出新的艺术思潮！月份牌就在这样的时代背景之中绽放新的时代美。没有传统艺术中的"高谈阔论"，只是满足大家对美好事物的基本需求。随着时间的推移与大家审美的改变，这些没有任何宣示语言、单纯展现时代之美的作品，也许更胜于当今艺术家们的千言万语。

这种简朴纯粹却又市井的美引发了我收藏月份牌的想法，而当我面对了月份牌画稿之后，更加着迷于这种特别的艺术创作，还有这些为人所遗忘了的艺术家们。这些表面上美得甜腻的时代美人画，背后包含了多少精彩绝色却又充满着偏见与无奈。这些独特的作品是中国现代商业艺术的先锋，也是近代中国商业广告的奠基者。在现今商业广告已被当作主流艺术，是时候让我们回头好好重新认识、了解甚至是重新定位这批被淡忘了的一群。希望这批作品能向观者重现它们的独特魅力。

从最初的怀旧、猎奇、收集老月份牌海报，到直观原稿时的惊叹，到对这些艺术家们的认同是我想透过这本书传递给观者的感动，也希望这些当代艺术家们的联结与创新让大家了解这些美人们并未老去，他们正用一个全新的方式展现属于她们独特的美。

最后我要感谢Tina把大家联结起来，让对这些作品有共同感动的各方朋友们使"民 · 潮"从无到有而至完善，也谢谢一路上不断地加入的朋友们，还有将要加入的你们。

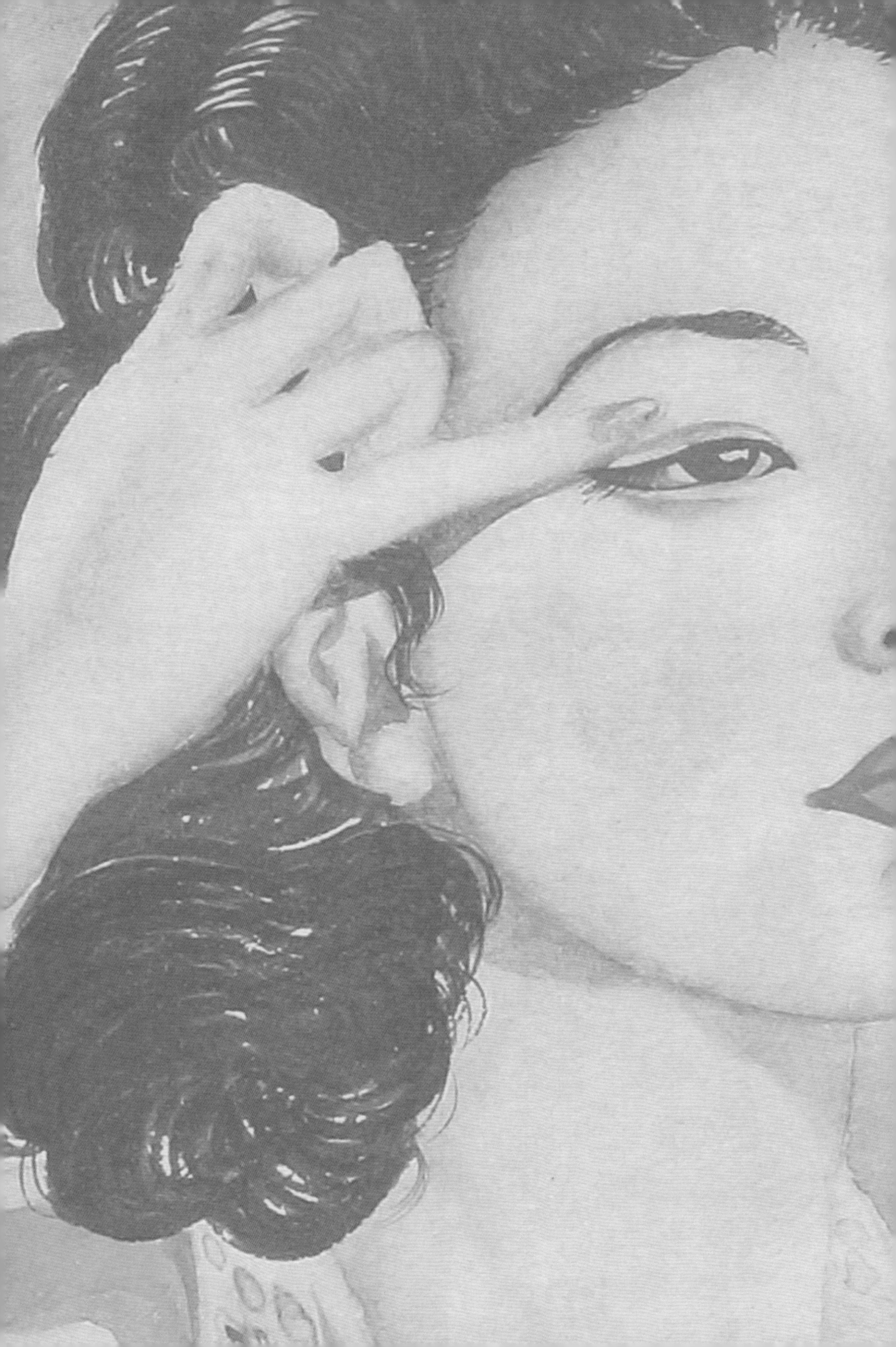

第一章

美之溯源

月份牌的概念及历史进程

Origin of Calendar Poster

19世纪末20世纪初的上海，万商云集，商业竞争十分激烈。为了倾销商品，外商们开始随商品附赠广告画片，这些画片的内容大多是西洋油画和水彩画的风景、静物和外国人物，其中也夹杂了一些传教士散发的宗教画片。不过这些画片的内容和表现形式并不符合当时中国人的欣赏习惯，也不符合他们对现实生活的认知，因此很难为中国老百姓所接受。广告的效果不尽人意，外商们不得不重新考虑适合中国消费者的广告画内容。精明的商人们入乡随俗，开始聘请中国本土画家作画，改用符合中国传统审美趣味的类似于年画的形式，在内容上也延续了传统年画的题材，描绘戏曲故事、神话传说等中国百姓熟知并喜爱的内容，并配以中西对照的年历或西式月历，最后在画面的适当位置标出商品和商标，创造出如今我们所熟知的月份牌广告画形式。

不过，月份牌广告画是一个宽泛的概念，学术界对此尚无明确的定义，我们常常可以看到月份牌、月份牌年画、月份牌广告画等几个基本概念穿插于不同的期刊和论著中。王伯敏先生在对月份牌进行定义时是这样说的：“月份牌广告画，简称月份牌，原用在月历表牌上，可以按月而用。后来，用途既广，称呼尺度也放宽，凡是与月份牌一类内容、形式与格局相类似的美术作品，统称为月份牌，成为市民的一种通俗美术。”

由此可见，月份牌广告画并无统一的形式，年历、商标和商品图案等元素虽是月份牌广告画的基本元素，但它们并不一定都会出现在画面上。有些月份牌广告画会将年历的部分省去，因为画面本身就具有吸引力，附有年历反而限制了使用的期限，不附年历则可以作为装饰画长久欣赏使用。

比起其他商业广告形式，月份牌广告画印制精良，内容新颖，画面摩登，因此一经出现便广受欢迎，很快就流行于中国各大城市乃至乡村腹地，甚至远销南洋。月份牌广告画之所以能收获如此广泛的传播，很大程度上得益于印刷业的发展。石印技术和胶印技术的引进，不仅使月份牌广告画得以保持原稿的韵味，印刷效果清晰鲜艳，还能大量印行，质量和数量都得到保证。

月份牌广告画的商业化特点不仅体现在其功能上——促销商品、扩大宣传、刺激消费者的购买欲望；也体现在其创作流程中——画家们根据商家的要求创作出月份牌广告画，商家向画家们付款进行购买，这本身就是一个商品交易的过程。

不同实力的商家有不同的广告运作模式。实力雄厚的大商行通常设有自己的广告部，月份牌广告画家画出小幅草稿后交由广告部批示，广告部提出修改意见，画家据此做出修改并完成全幅画稿，之后再交由广告部审阅定稿并完成后续的平面设计，最后送交印刷厂印制。而实力有限的中小商行往往委托广告公司代为向画家订购画稿，也有印刷厂利用现成的设备资源，充当起广告商的角色，收购画家的原稿。

月份牌广告画对研究中国近现代广告史有着重要的意义，我们可以从其形式、特征及创作流程中，探寻中国早期商业广告的端倪。

1 月份牌的形式

"自欧风东渐，市贾注意于广告，于是有所谓月份牌者。每逢年尾岁首，借以投赠其主顾。中为彩色画，货品之名附列其下，俾张诸壁间，以宏其广告效力。"

——郑逸梅，《珍闻与雅玩》，北京出版社，1998年10月

一张由大商行制作，在新年时节随商品赠送的月份牌一般由以下部分构成：画心、年历、公司名称、商标和商品图案。年历的位置并不固定，有时在画心之下，有时在画心两侧，有时印在画心的背面。

永泰和烟草公司中西历月份牌

1927年 | 107.5×38cm

画心由倪耕野创作，年历在画面底部，整体形式类似于装裱好的中国挂轴。而本应作为广告的商品，只是被默默地摆在了画心的下方。商品与主画面的分离，与当下的商业广告设计背道而驰，但在当时它不仅是一张广告画，更是作为一件装饰品，深受市场及消费者欢迎。

上海时报馆赠送的月份牌

1915 年 | 54x25cm

周柏生擅长工笔彩绘古装人物画，山水、花鸟亦皆精彩，但最出名的还是广告画。现在我们能看到的周柏生所画的月份牌并不多。此印刷品构图简洁，画心由周柏生绘制，年历置于画心的背面。画面中一位身着民国初期经典的高领窄袖衣的年轻女子，手戴西洋腕表，体态轻盈。

上海喊厘洋行水险部赠送的月份牌

1925 年｜ 76×50.5cm

画心由郑曼陀绘制，西历、中历分别置于画心的两侧，底部为上海喊厘洋行水险部业务广告。月份牌不仅仅可应用于有形的商品宣传，也可用于无形的内容宣传及服务推广。

印刷精良的月份牌具有极佳的装饰效果，但是印着的年历决定了它是一种时令性的消费品，许多家庭在一年之后会把画心裁剪下来，继续悬挂家中。一些商家深谙大众的这种需求，很快便推出了不带年历的“月份牌”。

中国利兴烟公司月份牌

20世纪20年代｜78.5×51.5cm

这幅广告画所宣传的商品是中国利兴烟公司的香烟，画心由郑曼陀绘制。本应放中西年历的两侧位置被公司的宣传语替代，免去了年历，想必这幅广告画可以在家中悬挂数年。画面主体描绘了一对斜倚着栏杆的女子，但是画中的人物与场景并没有传达出与香烟有关的信息。早期的月份牌广告画多是如此，画中人物与所宣传的商品毫不相关，月份牌广告画家们考虑的只是如何使画中的女子更美丽动人。直至月份牌盛行的中后期，它才较为明显地通过画中人直接传达商品信息。

画片式月份牌《芳侣迎春》

20世纪40年代｜78×54cm

穉英画室所作。画面上无商品广告，功能上突出其装饰性，可张贴或装框悬挂，供消费者装点居室所用。

2 月份牌广告画的制作

广告画制作

实力雄厚的大商行设有自己的广告部，聘请画家作画，有专人负责审稿。被聘用的画家在契约时间内只能为此商行服务，所作的原稿留在商行，不再返还。张信哲收藏的月份牌原稿中有一批就是来自原英美烟草公司广告部负责人W.A.彭内尔（W.A.Pennell）的私人收藏。这些画作中有些是草稿，有些是已经被广告部审阅通过了的定稿，应该是彭内尔于1936年离开上海时带走的。

英美烟草公司是最早在中国投放"本土化"商品广告画月份牌的公司，曾经聘用的月份牌作者有周慕桥、胡伯翔、梁鼎铭、倪耕野、周柏生等。月份牌的制作流程是：由画家先画出小幅草稿，交由广告部批示；广告部提出修改意见之后，画家完成全幅画稿；广告部审阅定稿后由专人设计美术字、边框与排版，然后贴上商标和商品图案，加上色卡后即可送交印刷厂印制。

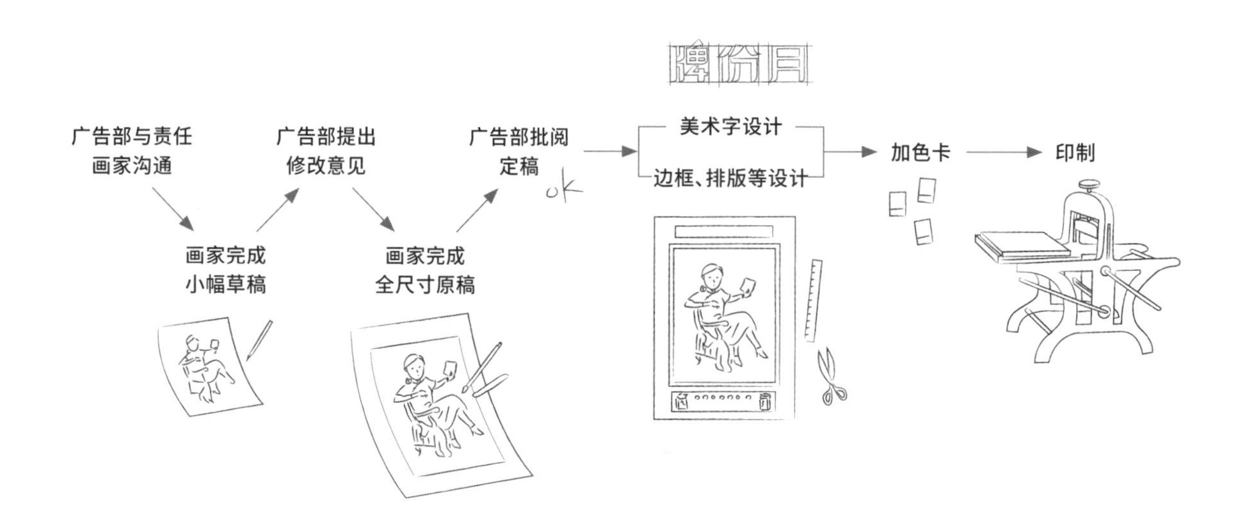

中小商行因规模有限，没有能力设置广告部门执行广告业务，通常会委托广告公司代为向画师订购画稿，再由广告公司完成后续的平面设计，并联系印刷厂印制。生生美术公司就是此类广告商，特约画家有谢之光、郑曼陀、梁鼎铭等人，可以包揽从招贴打样到印刷等整个流程的工作。

此外也有印刷厂利用现成的设备资源，充当起广告商的角色，收购画家原稿，只要加上客户的商号和商品信息即可刊印发行。

TIN TSUN PROOF
天眞石印局稿

20 世纪 20 年代 | 谢之光 | 纸上水彩 | 75.5×49.5cm

谢之光早期的作品，下面贴有由关蕙农创办的“香港天真五彩石印”纸条。关氏家族先后在港成立了多家公司，如商业印刷所、天真石印局、金匙广告公司及百乐门广告公司。而关蕙农与其子关祖谋和关祖良亦作为艺术家参与到月份牌创作中。

擦笔水彩画创作的技法和步骤

1.用铅笔打格放样，再用工笔画法勾勒人物，在制作过程中需分勾草图、画铅笔稿、上正稿和完成稿等几个阶段。

2.擦炭精粉，落笔擦炭要做到炭色过渡均匀。首擦暗部，区分暗部、中间部、亮部及物体的反光部与阴影部。重点擦好明暗交界线，使描绘的对象形体严谨准确。

3.月份牌广告画技法中的上色属水彩画技法，不过它是在擦了炭精粉的基础上上色，故另有一套程序和规律。

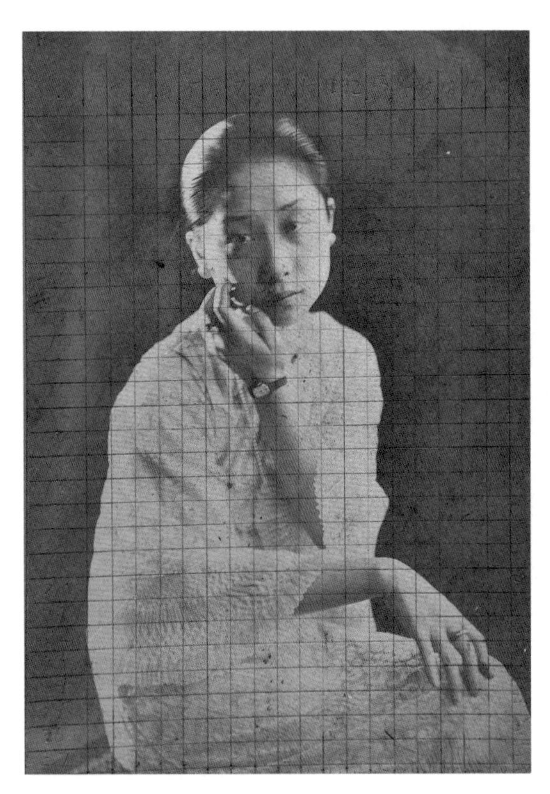

芳慧珍生活照（谢之光家属提供）

分解图由孙尧工作室绘制

《芝生殿》

1936 年｜胡伯翔｜草稿｜ 36.7×20.5cm

周围有中英文批注。草稿右上方写着“1937 cal.suggestion 丽娟汉宫女每歌李延年和之于芝生殿(共一)”，草稿下方写着“ Do this one first”和“ Suggested composition”。

颐中运销烟草公司发行的月份牌印刷品

1937 年｜ 103×38cm

与草稿对比，画面在完稿阶段改动了一些细节。1934年，由于推行税制改革，英美烟草公司为了少交税，分散资本，成立颐中烟草股份有限公司和颐中运销烟草股份有限公司。

草稿

1935—1936 年 | 胡伯翔 | 32.5×19cm

草稿自带边框示意。画心下的空白处注有“1936”字样。

草稿

1935—1936 年 | 胡伯翔 | 28×19cm

草稿自带边框示意。画心右侧空白处批注标明了年历要摆放的位置，下方注有“20×30”字样。

《木兰从军》

1929 年 | 胡伯翔 | 草稿 | 29×24.8cm

草稿右侧写着“木兰从军”四个字。在抗日战争时期，月份牌画家们创作了许多极富爱国主义精神的作品，以鼓舞人们的抗战斗志，“木兰从军”是月份牌广告画的热门题材。

英美烟草公司为哈德门香烟发行的月份牌印刷品

1930 年 | 43.5×33.3cm

从印刷成品可知，英美烟草公司广告部在定稿之后加上了浮雕式画框，还添加了蔡子庐先生的题跋：

“木兰代父戍边十二年，人不知其为女。向所作木兰图，多作戎装美人，无英俊气概，有婀娜风姿，如是而从戎万里十二年，中安有不知木兰是女郎，越今观此画，我无闲然矣。”

草稿

1927—1935 年｜佚名｜37.2×24.7cm

此幅画是依照梅兰芳在京剧《天河配》中织女扮相的剧照所绘。《天河配》剧情见《荆楚岁时记》，述牛郎织女七夕相会之事，旧织女用道装，梅兰芳始改古装。

根据周围批注以及这幅画的尺寸，可知这幅画是某个产品的封面设计稿，并非为月份牌所作。梅兰芳在1927之后才正式授权英美烟草公司、德隆烟厂等公司使用其肖像，由此可推断这幅画的绘制时间。草稿左上方写着“ programme cover”，左下方写着“ Reduce Standard Size”。

约 1928 年｜胡伯翔｜纸上水彩、水粉｜34.5×25.3cm

此画完成度较高，空白处有“ OK”批注，周围还加贴了色卡，可知是印刷用的定稿。但它尺寸较小，应该是烟草公司放置在烟盒内，随商品附赠的一种小画片。“别墅牌香烟”美术字为手写。按照惯例，美术字设计与画面绘制一般不会由同一个人所作。

作家周瘦鹃曾在报上撰文评析："画中一美人，御嫩绿色绛花长帔，围白色鸵毛围巾，两手加肩际，作怯寒状。波眸凝睇，颊辅间呈微笑，真有呼之欲出之概，诚佳制也。题曰冷艳，出蔡子庐君手，适与相称。"

《冷艳》

1927 年 | 胡伯翔 | 69×35cm

这幅画是为英美烟草公司的哈德门香烟所绘，最初由当时英美烟草公司的广告部主任W.A.彭内尔收藏。手绘边框之外的部分被小心剪下，可能曾经被装裱，可作为装饰悬挂。

《冷艳》广告

20 世纪 20 年代 | 77.5×50.5cm

《冷艳》哈德门香烟发行的广告

1928 年 | 107.5×38.5cm

1930 年 | 胡伯翔 | 纸上水彩 | 34.2×26.5cm

画中女子，身着20世纪20年代流行服饰，托腮而坐。色彩淡雅，是早期月份牌的用色风格。

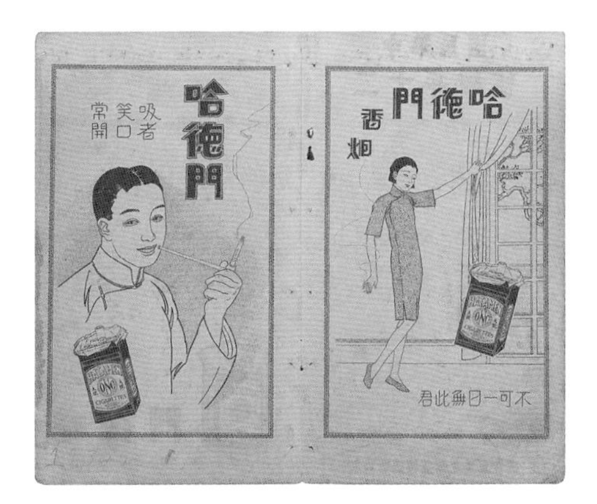

1931 年 | 印刷品 | 25×30.5cm

此画为1931年哈德门香烟厂随烟赠送的历书封面。历书内不仅有当年年历，还有水电煤各服务企业的联系方式，类似黄页。

1930—1940 年｜倪耕野｜纸上水彩、水粉｜66×51.5cm

这幅月份牌是哈德门香烟的广告画定稿。“哈德门”和“还是他好”字样是手写在黑色底的纸上，再裁剪下来贴在画面下端的。旁边粘贴的商品图案是预先打印好的纸片。

20 世纪 30 年代 | 佚名

20世纪30年代由于出现了烫发机，女性在发型上出现重大变革。当时西方最时髦的女士发型，就是遮住耳朵，经由热烫之后形成的"卷曲而僵硬"的短发造型。此外"爱德华式"发型在当时也较为流行。这一时期上海的流行款式也深受影响，并体现在月份牌广告画之中。这些小尺寸的"大头像"用途不明，为画师的习作。

第二章

留芳之珍

月份牌创作

Precious Heritage

纵观月份牌广告画的发展历程，早期的月份牌广告画家以周慕桥、徐咏青、周柏生和梁鼎铭为代表，他们或是借助传统国画技法，或是采用西画技法，绘制了大量的历史典故、戏曲故事和古装仕女，为这种新兴的商业广告艺术形式奠定了雏形。周慕桥所创作的月份牌广告画主要采用中国传统的人物肖像画法和工笔画法，先用单线勾勒出人物的形象与轮廓，再用平涂法着色，通过这种方式刻画出人物的神情与动态。徐咏青被誉为"中国水彩第一人"，擅长画水彩画和油画，他创作的月份牌基本都是风景画，极少有人物。而梁鼎铭则采用各种绘画方法，包括用水彩画、粉画和油画技法来进行创作。

月份牌擦笔画的鼻祖郑曼陀，他以中西合璧的擦笔水彩画技法和时装美人主题确定了月份牌广告画的基本形态。郑曼陀的美人画深受欢迎，被时论誉为有"呼之欲出"的迷人魅力，他独创的画法也为众画家争相仿效。胡伯翔是少数几个创作月份牌广告画而不用擦笔水彩技法的画家之一，他以国画为主，兼用水彩。他画山水月份牌，使用的是国画技法；画时装、古装人物，则较多采用水彩画画法。

随着时代的前进，杭稺英、谢之光和倪耕野等人为月份牌广告画画坛注入了新鲜血液。首先，他们使用更鲜艳的颜色，表现更开放、活泼的人物形象，以及更时新的生活方式，使月份牌成为一个时代的文化符号。杭稺英从迪士尼的彩色动画电影中，汲取了色彩鲜艳、对比强烈的技法特点，逐步将炭粉素描效果减弱，只画出明暗交界线的转折部分，暗部尽量用色彩去晕染，这样绘制出来的月份牌广告画，既有细致的造型，又具鲜亮的色彩。其次，在人物塑造上，画家们已基本掌握了西洋画的透视、人体解剖等知识，所绘人物的造型和肢体语言更加丰富，栩栩如生。此外，还有李慕白、金梅生和金肇芳等人，他们所创作的月份牌广告画风格鲜明，在当时独具特色，各领风骚。

月份牌广告画是中国传统绘画形式与技法同西方绘画技法不断融合的产物，在构图上亦吸纳了西方的美学原理，形成了中西融合的新美学理念。据此，这固有的文化脉络就那么丰厚和鲜明起来。

周慕桥

周慕桥(1868—1922),江苏苏州人,名权,字慕桥。他师承清末人物画画家张志瀛,学习传统国画,作品曾被著名画家吴友如所赏识。他为吴友如主编的《点石斋画报》供稿,而后吴友如创办《飞影阁画报》,他应邀担任过一段时间的主笔。周慕桥也曾为苏州桃花坞和上海小校场的木版年画绘制画稿。

周慕桥画技过硬,熟悉洋派生活和市民喜好,既擅长古装仕女与历史题材画,同样也擅长绘制时装女子和社会风俗画。英美烟草公司等外商机构早在1911年前已聘请他绘制具有本地风格的年历画。

20 世纪初｜周慕桥｜纸上水彩｜ 77×55.3cm

周慕桥的月份牌广告画主要以大众熟知的历史题材、神话故事等为创作题材。在绘画的表现形式上，他既继承了中国传统的技法，又吸取明清时期木刻版画艺术的风韵，还接纳了西洋绘画中透视和人物解剖之长。其画作构图布局和人体结构都比较合理。

慕橋

徐咏青

徐咏青(1880—1953),生于上海。16岁时,他加入徐家汇天主教堂的土山湾印书馆从事插图创作、装帧设计,擅长水彩画和油画。1913年起,他主持上海商务印书馆图画部,同时受聘于上海美术专科学校,执教西洋画。

徐咏青在商务印书馆任职期间,做了两件重要的事:拓展商务印书馆业务范围——他主张美术要为社会所用,除出版书籍插图外,还应发展商业美术;促成商务印书馆开办"绘人友"(练习生)美术班——在其认真严谨教学下,"绘人友"培养出月份牌画家杭穉英、金梅生、金雪尘、倪耕野等人,为月份牌日后的发展奠定了坚实基础。

《颐和园》

20 世纪 20 年代｜徐咏青｜纸上水彩｜ 76×51cm

《颐和园》是徐咏青作品中比较工细的水粉画，作于20世纪初期。画面色彩饱满、通俗质朴、氛围浓烈，相比起月份牌年画，又多了份静谧、宁静、和谐之美的意境。画面处处刻画入微，细节处足见其功力。徐咏青在画《颐和园》时采用了单点透视法，体现了画家的绘画功底。单点透视法也叫一点透视法，画面的消失点只有一处，可让画面有空间深度感。

《越秀山下》

20 世纪 20 年代 | 徐咏青 | 纸上水彩 | 75×50cm

徐咏青被誉为“中国水彩第一人”。《越秀山下》人物神韵兼具、水色饱满、生气灵动，设形敷色独树一帜，既端庄秀丽，又情韵缥缈，构图虚实相间，具有月份牌强烈的时代性。

20 世纪 20 年代｜天宝｜纸上水彩｜ 68.5×50.5cm

画中的两位女子已经突破了“养在深闺人未识”的命运，她们走出闺门，来到码头边。“手持望远镜”这一小小的细节可能并非偶然，而是表现了她们探索世界的渴望。

20 世纪 20 年代｜丽天｜纸上水彩｜ 65.5×47cm

愈发普及的月份牌广告画走进普通民众家庭以后，更符合平民气质的小家碧玉形象出现在月份牌之中。她们散发着温婉贤淑、腼腆善良的女性魅力，给人极具亲和力的美感。

20 世纪 20 年代｜天宝｜纸上水彩｜ 72×46.5cm

画中女性一改以往羞涩、保守的姿态，站姿更加开放，表现自我。

20 世纪 20 年代｜天宝｜纸上水彩｜ 70×49.5cm

20世纪20年代不仅是电影明星辈出的时代，随着新文化运动的推波助澜，林徽因等大批秀外慧中的才女也在此时涌现。月份牌广告画中配以书本、信笺、花卉等展现女性知性之美的物件也随之增多。

周柏生

周柏生(1887—1955), 江苏常州人, 原名周桐, 笔名柏生, 国画家周彬之子, 随父学习国画。起先, 他在《时报》报馆里画黑白广告画, 1917年进入南洋兄弟烟草公司广告部, 为该公司及英美烟草公司创作月份牌广告画。

周柏生擅长彩绘古装人物画及山水、花鸟题材, 他创办了"以教授月份牌广告画为宗旨"的柏生绘画学院, 培养了众多学生。

20 世纪 20 年代 | 周柏生 | 纸上水彩 | 68×49.5cm

画面中坐姿女子“前刘海齐眉毛，挽着两只圆髻，一边一个”(张爱玲，《五四遗事》)，这是当时流行的发式之一。站立着的女子正在往自己的脸上涂抹胭脂，面前的桌子上摆满了各类化妆品。在西风渐入的上海，许多外国品牌的化妆品也纷纷涌入，不论是在大百货公司，还是一般的街头小杂货店，各种档次的化妆品都可以买到。

柏生

郑曼陀

郑曼陀(1888—1961),原名郑达,字菊如,笔名曼陀。他早年学习中国传统人物画,后在杭州"二我轩"照相馆从事人像绘制工作,掌握了炭精粉擦笔肖像法。来到上海后,他将这种技法与水彩结合,开创了擦笔水彩画技法。

20世纪初的上海,仕女画日渐风行,郑曼陀对上海月份牌中传统仕女图像仔细揣摩,凭借熟习的炭精擦笔技法,来表现更具时尚风采、以女性为主题的绘画。他运用炭精粉擦抹明暗,以代替淡墨的渲染凹凸,所绘人物骨肉丰腴,活色生香,几乎要破纸而出。他在上海滩月份牌广告画画坛中一举夺魁,并受到众多商家的青睐,坊间盛传"家家曼陀,人人擦笔"。

20 世纪 20 年代 | 郑曼陀 | 纸上水彩 | 44×39cm

郑曼陀不仅对月份牌广告画的绘画技法加以改进，而且在绘画题材上根据当时社会大众喜闻乐见的内容进行绘制。当时社会提倡女性解放，女性在社会中的形象也发生了一些改变，青春靓丽的女学生就成为他绘制的月份牌画广告的主角。郑曼陀笔下的女学生或手持钢笔与信纸，或捧书思考，总是恬静、典雅，带着书卷气。此外，他十分注重对人物眼神的描绘，他的创作秘诀是“画头发和眼睛一定要画得黑，不黑就没有精神”。

梁鼎铭

梁鼎铭（1895—1959），广东顺德人，字协燊。他出生于南京，成长于上海，少年时入南洋公学读书，后又至厦门，以画肖像为业。1918年前后，他加入英美烟草公司，在广告部美术室担任绘图员，主要从事绘制黑白广告、设计香烟画片和招贴广告等工作。当时，梁鼎铭在美术室的同事有丁悚、胡伯翔，经常来往的朋友有张光宇、朱应鹏、叶浅予等人。他还加入了晨光美术会，为《三日画报》《申江画报》《孔雀画报》等撰稿绘图。

梁鼎铭主要以水彩画、色粉画，甚至油画技法来绘制月份牌，并没有采取当时流行的擦笔水彩画法。他的月份牌画比较多的是古装美女，有引人入胜的故事背景，比如《木兰从军》《麻姑献寿》《贵妃侍寝》等。

《吕布戏貂蝉》

20 世纪 20 年代｜梁鼎铭｜纸上水彩｜ 75.5×50.5cm

这幅以戏曲故事“吕布戏貂蝉”为题材的画符合月份牌原画的规格，但出于某些原因未能被制作成印刷品。画家题上“赵大夫大人雅正”的字样后，将它作为礼物送出。

《嫦娥奔月》

20 世纪 20 年代｜梁鼎铭｜纸上水彩｜ 79.5×53.5cm

月份牌广告画这一商业美术媒介最初由外商为销售目的而引进。为了迎合中国消费市场的审美习惯，洋行聘请中国画师作画，内容上沿袭中国传统年画。因此，历史典故和戏曲故事等中国人喜闻乐见的题材在其中十分常见。

20 世纪 20 年代 | 梁鼎铭 | 69×51cm

随着生活方式逐渐改变，女性的生活范围逐渐扩大，从20世纪20年代开始，月份牌广告画中的女子已不再囿于深闺，她们常出现在公园、花园等户外空间。

注意
宏興藥房
鷓鴣菜
勿誤購僞藥

杭穉英

杭穉英(1900—1947),名冠群,字穉英,别名杭坦,出生于浙江海宁盐官镇一户书香门第。幼年随父亲到上海,他凭绘画基本功考入商务印书馆学习绘画。三年练习生期满后,他正式入职“商务”,从事广告装潢和印刷业务。在为“商务”服务的四年里,杭穉英在设计及接待业务方面获益良多,后离开“商务”自立门户。他所创立的“穉英画室”是中国最早现代意义上的广告公司,金雪尘、李慕白等优秀画师也加入其中。画室分工明确,承接业务不仅限于月份牌,还有产品包装、书刊封面等。

除了运作模式,杭穉英亦在擦笔水彩画法的基础之上,对月份牌广告画的技法进行了改良,使之更加成熟,表现的内容也更加商业化和世俗化。他十分注重个人品牌及独特风格的打造,并且与时俱进。他聆听过德籍教师讲授的现代装帧广告课程,学习了徐咏青传授的西法绘画技法,观看好莱坞影片并订阅大量外国画报,从中汲取艺术营养,接受世界最新时尚熏陶。从20世纪20年代末起,杭穉英风格的“杭派”系列作品,逐渐成为月份牌领域内特色鲜明、数量丰盛、广受市民和商家欢迎的品牌。

20 世纪 20 年代｜杭穉英｜纸上水彩｜ 69.5×48.3cm

这幅画是杭穉英的早期作品。画中女子的眼型是符合传统审美的细长凤眼。半身像的取景在中国传统观念中是不吉利的，因此这一时期的画中人物多为全身像。画中对背景的细节描绘，为我们展示了当时精致、惬意的生活气息。

穉英

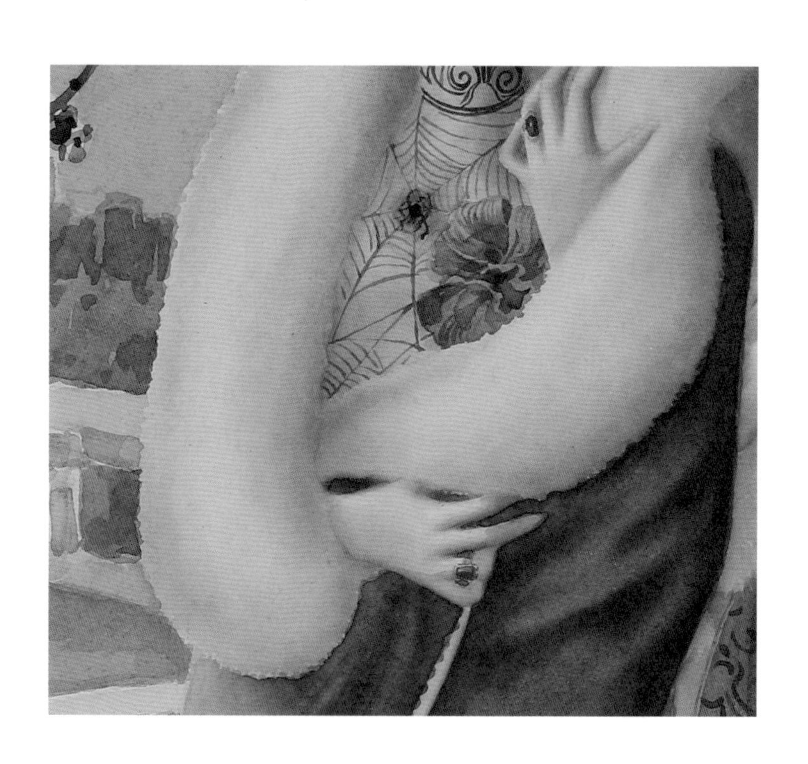

20 世纪 20 年代｜杭穉英｜纸上水彩｜ 50.3×36.7cm

20世纪20年代，上海各种职业女性出现，成为新的时尚亮点，于是杭穉英收集当时各种电影明星的照片进行整理创作，并留心观察时髦女性的衣着打扮，还从国外画报中汲取灵感。他刻画的人物服饰和发式较早期郑曼陀时代的人物已经有了较大的变化。画中女子的衣着，是20世纪20年代末至30年代初，上海地区流行的斜裁筒领时装，外罩的斗篷为当时上海妇女跳舞前后常穿的围衣。

1925—1930 年｜杭穉英｜纸上水彩｜67.5×44.5cm

杭穉英习得郑曼陀的擦笔水彩画技法之后，又受到迪士尼动画片的启发，晕染步骤中增添了更加鲜艳的颜色，使得画中人物更加娇艳动人，造就了现在我们所知的美女月份牌风格。

20 世纪 30 年代｜杭穉英｜ 65.2×46.2cm

图中女子所穿曳地旗袍，剪裁贴体，腰身收紧，衣袖窄小，突出女性的身体曲线。

20 世纪 30 年代｜杭穉英｜纸上水彩｜ 71.5×50.3cm

随着“女学生”步入婚姻家庭，广告画中的女性也开始以“母亲”的形象出现。娇艳、时髦的太太，健康、可爱的孩子，富足、闲适的生活，是人人憧憬的理想生活写照，也是月份牌广告画热衷表现的主题。

《母女》

20 世纪 40 年代｜杭穉英｜纸上水彩｜ 49.5×33.5cm

相比较起20世纪30年代月份牌，40年代月份牌中“母亲”形象妆容更加时尚，色彩更加艳丽。

胡伯翔

胡伯翔(1896—1989),江苏南京人,原名胡鹤翼,字伯翔,以字行。他幼承家学,耳濡目染,打下了扎实的绘画基础。除擅长国画,他也精于水彩画和铜版画,还是中国早期摄影的开拓者之一。胡伯翔以一个国画家的身份进入月份牌领域,从1917年到1940年,他一直受雇于英美烟草公司,创作了很多月份牌画。擦笔水彩画盛行时,他是少数坚持自己绘画风格的画家之一。

胡伯翔的月份牌广告画采用以水彩层层渲染的技法来表现明暗深浅,没有擦笔炭精粉留下的灰色调子。他画的山水月份牌,使用的是国画技法;而时装古装人物题材,则较多采用水彩画技法。他笔下的美人,虽没有一般月份牌画常见的服饰造型,如高领窄袖、褶筒裙等,但仍充满着传统东方女性平和、内敛气质与时尚气息。

1929 年 | 胡伯翔 | 60.3×31.5cm

此画是胡伯翔为1930年发行的月份牌所作，因此可知原稿创作时间应为1929年。印刷品中，画幅题名为“香风暗透薄罗衫”。画中女子在半透明的水彩罩染下，形成细致柔嫩的肌肤感，服装的色彩也更加鲜艳，人物造型立体而有质感。此画被永泰和烟草股份有限公司印制成月份牌。

20 世纪 20 年代 | 胡伯翔 | 60.5×33.3cm

在这幅月份牌广告画中，图中女子在画家的笔下拥有了一双黑白分明的眸子，大胆地直视观众，不似以往仕女画中低眉垂目的神情。女子的脸蛋被描绘成鹅蛋脸，皮肤白皙粉嫩，涂抹胭脂口红，这又合乎中国传统美女的特征。值得注意的是，女子足下的蓝色提花缎面“玛利珍”鞋，与其所着服饰中蓝色花饰相呼应。画家为女子添加了西方流行的眼影，体现了时尚感。这种对面部的描绘方法与其他画家趋同，为当时的流行风格。

伯翔

20 世纪 20 年代 | 胡伯翔 | 77×51cm

这幅作品中的人物被着重突出，背后只点缀着零星花枝，其他部分留白。这种处理方式与画家的国画素养有关。此外，胡伯翔独树一帜的绘画风格还受到其摄影爱好的影响。摄影的技巧被胡伯翔运用到了月份牌广告画的创作中，他在作画时十分注重光与色彩的关系。

1925—1930 年 | 胡伯翔 | 59×35cm

画中女子穿着当时最时新的倒大袖上衣，搭配简化的百褶裙和小马甲。背景中既有西式家具，也有传统式样的宫灯和水墨画挂轴。画家用传统水墨造型，再以水彩晕染，使人物的肌肤细致柔嫩，呈现半透明的凹凸效果。

作为一名擅长山水的国画家，胡伯翔会在其他类型的艺术创作中运用国画技法。在这幅原稿中，他把自己创作的水墨画置于背景中并署名，此画也曾被单独应用于月份牌。

外国烟草公司的目标群体不仅限于男性，也包括女性。女子吸烟形象在当时的平面媒体中比比皆是。

伯翔

伯翔

英美烟草公司的《秋水伊人》月份牌广告画原稿

1930 年 | 胡伯翔 | 107.5×38.5cm

画中美人，临湖侧坐，双手抱膝，肩配红花，衣饰落落大方，发饰清清爽爽，尤其那抿嘴微微一笑的姿容，可说捕捉到了女性最妩媚动人的表情，非常精彩地传达了《诗经・蒹葭》篇“蒹葭苍苍，白露为霜，所谓伊人，在水一方”的意境。据英美烟草公司广告部高管留下的资料显示，画中女子应是当时影星阮玲玉。

当电影、时尚杂志普及时，画家们便以报刊上的名媛、明星照片为摹本创作美女形象，当时的著名女星如胡蝶、阮玲玉、陈云裳等，都曾作为模特走入月份牌广告画中。一同入画的，还有令人目不暇接的当季时装、流行妆容、新潮物品，以及时髦的生活方式。

谢之光

谢之光（1900—1976），浙江余姚人，别号栩栩斋主。他师从周慕桥、张聿光、刘海粟等画家，从上海美术专科学校毕业后从事舞美设计和商业美术设计，是一位精通国画、油画，而以商业广告画营生的画家。

作为科班出身的画家，他的画有一种自然真实的美感，并时时有创新。他画国画，能绘人物、山水、鸟兽、花卉，尤擅仕女，笔法采中西之长，别具一格。他所绘制的月份牌，以时装美女见长，人物时尚艳丽，富有神韵，并擅以屋内陈设来映衬时代背景，烘托人物身份。

20 世纪 20 年代｜谢之光｜纸上水彩｜75.5×49.5cm

画中女子“上身穿着短袄，下身穿着长裙”，这是 20 世纪 20 年代早期年轻女性中流行的一种装扮。这虽然也是上衣下裙的搭配，但是与中国传统的女性着装不同。这种短上衣，在腰部的地方收拢，以展示女性的腰身曲线。衣服的下摆较短，并且呈弧形，可将女性的臀部曲线展现出来。呈喇叭状的宽大袖子“飘飘欲仙，露出一大截玉腕”。这种着装上的新变化，“显出空前的天真、轻快、愉悦”。

芳慧珍生活照（谢之光家属提供）

1925—1930 年｜谢之光｜纸上水彩｜ 73×49cm

这幅画是谢之光于20世纪20年代后期所绘，图中女子姿态自然，所穿旗袍是20世纪20年代中后期流行的筒领倒大袖旗袍，下摆短至小腿。她倚坐在公园山石上，几乎要露出膝盖。在此之前，这几乎是不可想象的“有伤风化”之事。

之光

20 世纪 30 年代 | 谢之光 | 纸上水彩 | 73×50.5cm

此画根据电影明星梁赛珍怀抱小狗的照片所绘。肖像中，女子所着旗袍领口、袖口带有繁复的蕾丝图案，其怀中四只幼犬形态各异。

之光

《霸王别姬》

20 世纪 30 年代｜谢之光｜纸上水彩｜ 81×56cm

在电影普及之前，去戏园子看戏是国人重要的日常娱乐方式。因此，戏曲故事作为大众熟悉的内容，一直是月份牌广告画的一个重要题材。从画中京剧人物的扮相来看，这里描绘的应是项羽和虞姬。虞姬的造型出自梅兰芳在《霸王别姬》中的扮相和行头，画家只做了稍许改变。画面最下端7cm左右的部分是拼接上去的，可能是出于印刷成品的版式需要。

耕野

倪耕野

倪耕野(1900—1965),曾任职于英美烟草公司广告部。

倪耕野是较早从事月份牌创作的画家,他创作的月份牌画仕女形象色彩清丽、造型丰满、落落大方。他对画的主体人物脸部的描绘,五官灵性传神,颇具独特韵味;传统发式汲取外来思潮和文化而改变成卷烫短发,描画得细腻逼真。其画中人物服装从早期的衫袄裙装到各式新潮旗袍,恰如其分地突显出画中女性的窈窕身姿,记录了当时的时尚变化。人物背景从亭台楼阁到丛林湖畔,再到西式厅堂,单色渲染,与画中人物互为衬托,自然生动,情景交融。

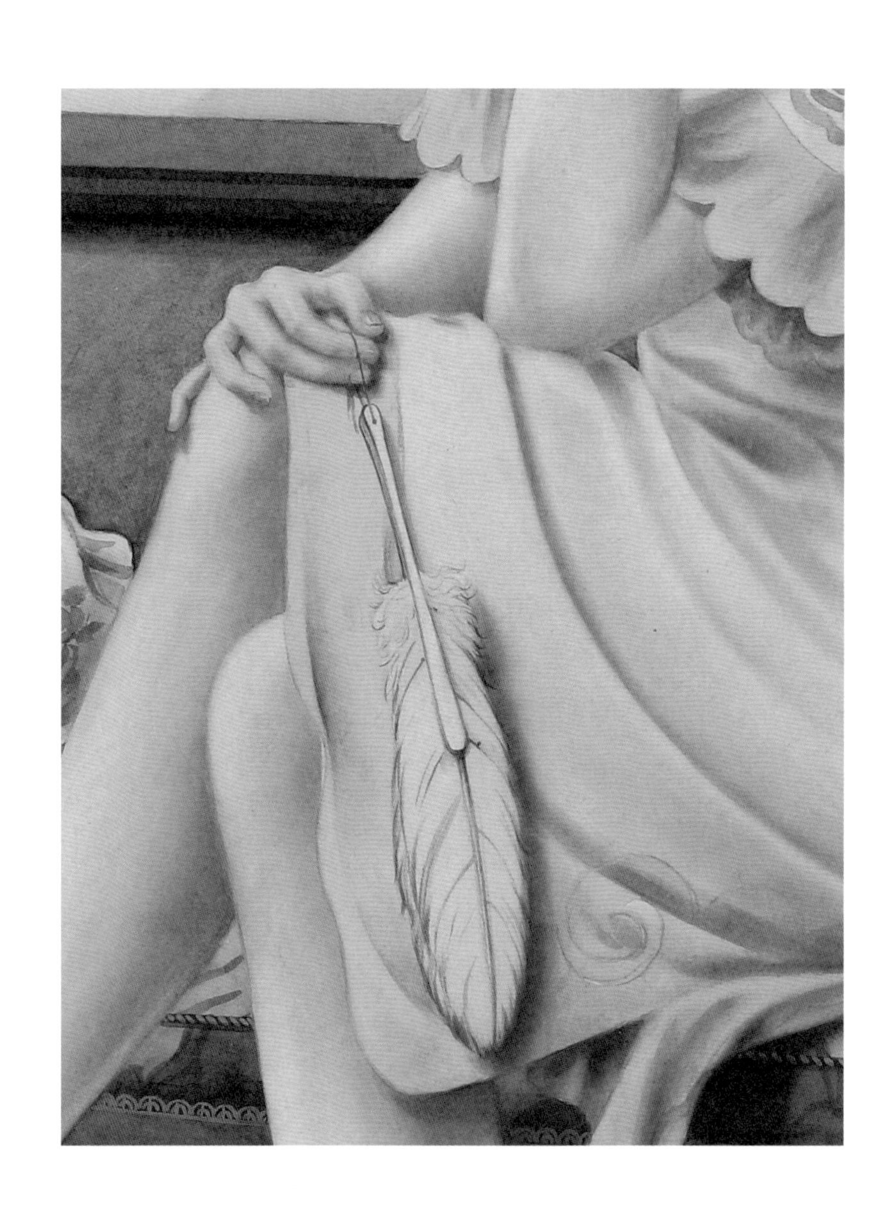

20 世纪 20 年代末 | 倪耕野 | 纸上水彩 | 69×34cm

倪耕野在画美女时，讲求强烈的明暗对比，用色较浓，使美女有独特的神韵。画中女子叠腿的动作是早期月份牌广告画中所没有的。

耕野

20世纪20年代末｜倪耕野｜纸上水彩｜69×33cm

20世纪20年代末，受欧美短裙流行潮流的影响，旗袍的下摆曾提高至膝下。画中女子的旗袍应属此类，其坐姿露出膝盖，外搭西式外套，配“玻璃丝袜”和高跟鞋。女子身处公园一角，正逗弄一只蜘蛛。此画被永泰和烟草股份有限公司印制成月份牌。

20 世纪 20 年代 | 倪耕野 | 纸上水彩 | 65×47cm

20世纪20年代的西方流行女装，由于受俄罗斯风格的影响，经常出现毛皮的边饰、领饰等装饰细节。而这一时期，由于受到西方的影响，西方女装的许多流行元素在中国的旗袍中亦有所体现，例如在旗袍的袖口、下摆或领口处，也常用毛皮进行装饰。

李慕白

李慕白(1913—1991),浙江海宁人。1928年,他来到上海,进入穉英画室学习月份牌广告画。从1932年开始,他便主要负责设计、绘制穉英画室的月份牌人物。众所周知的多数署名"穉英"的画,实际上是杭穉英、金雪尘、李慕白三人通力合作的成果,常常是杭穉英进行创意构思并画出草稿,李慕白画人物,后由金雪尘配上景物。

李慕白对于人物结构的表现技巧熟练,因而在用炭精做稿时十分简练迅速;着色亦同样妥当,运色、布色程序讲究,有条不紊,几乎一气呵成。他也擅长多种媒介的人物画,他的人物插画创作,形象虚实结合,亮部明亮丰富,暗部则呈现对比色彩;所描绘的年轻女性和儿童肤色,显出柔润的丰姿;画面秀丽,充满明媚的光线效果。

20 世纪 30 年代 | 李慕白 | 纸上水彩、水粉 | 60.5×45.5cm

此画为李慕白为谢之光夫妇结婚纪念所作。谢之光家人留有一张夫妻正面合影，人物穿着、姿态与此画完全一致，可见此画是根据同时拍摄的一张侧面角度照片绘制的。李慕白为了视觉效果，将照片中谢夫人旗袍上的几何花纹改成了花卉图案。

20 世纪 40 年代 | 李慕白 | 纸上水粉 | 38.5×28.5cm

画家李慕白用色粉为媒介，参照照片创作出这幅作品，画中人物为其妻子。

金梅生

金梅生（1902—1989），上海川沙县人。他早年师从徐咏青学习西洋画，1921年考入商务印书馆图画部，后自立画室专门从事月份牌广告画创作。

在金梅生的月份牌画初露锋芒时，他敏锐地察觉到当时的商业广告市场对新型美女形象的强烈需求，那是一种从外表到内在完全中西混合的新形象，他的创作自然从这方面努力求索，把西洋水彩技法和中国画技法融进作品。他的月份牌广告画用笔轻松，色泽妍雅，注重人物与背景的虚实变化。

20 世纪 30 年代 | 金梅生 | 纸上水彩 | 69.3×48cm

月份牌中的美女，除了以物质商品消费者的形象出现，还加入文化娱乐的消费行列中。她们追逐新的、时尚的休闲生活方式。画中女子挽着时尚的东方式发髻，穿着夺人眼球的曳地长旗袍，旗袍面料的图案是当时流行的装饰艺术风格——树叶纹样呈几何状交错。其中特别的是轻扶在手中的吉他，19 世纪末的中国，知道吉他这件乐器的人还很少，但是到了 1930 年之后，吉他随着上海流行音乐的发展而发展起来，人们也开始学习吉他、演奏吉他。

梅生

梅生

梅生

梅生

《四季美人》

1925—1930 年｜金梅生｜ 73x25cm / 张

金梅生将传统的四季风景换作了进行时令打扮的美人。印刷品与原画画面一样，没有额外的商业广告信息。其中冬季服饰从画面中可见明显剪贴痕迹，揭开剪贴补上的部分，发现他将原先浅色斜纹格子的旗袍图案换成艳丽底色配以花朵的纹样，至于画家修改的原因已无从考究。

金肇芳

金肇芳（1904—1969），安徽休宁人。他自幼喜好美术，向民间艺人学习纸扎工艺，并自制土颜料作画。14岁时，他只身到上海美丰印刷厂当学徒，其间认真临摹厂里的绘画原作，经过多年努力，能够独立进行绘画创作。新中国成立后，他曾任上海文史研究馆馆员、上海市美术家协会会员、上海画片出版社特约作者。

20 世纪 20 年代｜金肇芳｜ 69.5×48.3cm

画中女子短发齐耳，身着西式连衣裙式的旗袍，脚踩高跟皮鞋，是20世纪20年代中期流行的装扮。在当时，月份牌广告画的画家们总是将美人安排在豪华的住宅中，用西洋式的沙发、线条流畅的西式窗帘、厚厚的地毯，烘托着画中的时髦女子。在这幅画中，女子手持的中国传统乐器“月琴”和房间内的木质地板，又显示了20世纪早期，中国传统与新式的混合色彩。

20 世纪 20 年代｜金肇芳｜纸上水彩｜ 58×44cm

月份牌广告画在早期尚有小脚美女的出现，但随着社会的进步，女性的双脚被解放了出来。从这时候起，月份牌广告画中的美女无一不是足蹬皮鞋的时髦女郎。图中女子所穿的鞋子，其式样与欧美流行款式几乎一致，都有着尖尖的鞋头，一般有一根系带，鞋跟高度中等。当然，也有平跟和高跟的皮鞋。皮鞋的式样忠实地反映了当季的时尚，可谓是千姿百态。

20 世纪 30 年代 | 客光 | 纸上水彩 | 73.5×50cm

女性逐渐获得身体解放，从缠足到露腿，从束胸到放乳，催生出女性衣着服饰、发型妆容等方面的审美取向发生变化。画中女子的旗袍款式收紧腰身，衣袖窄小，剪裁更为贴身，突显着女性身体的自然曲线。

《丽质天生》

20 世纪 40 年代 | 杨馥如 | 纸上水彩 | 63.5×44.5cm

作品名选自唐代大诗人白居易《长恨歌》中名句“天生丽质难自弃”。从作品名到画中女性的样貌与神情，无不体现着女性的自信之美。

20 世纪 40 年代｜子敬｜纸上水彩｜ 30×25.3cm

作为本书封面的这幅月份牌广告画，并不是所有藏品中最出色的一件，甚至于尺幅也较小，至今未查询到关于画师的任何相关信息，但画中女子的姿态代表着那个时代鲜明张扬的个性形象，不同于我们对那个时代的女性认知：含蓄、保守。她们或许比我们现代人更加懂得何为潮流时尚。她那精致的“爱司头”，也许是当时的老照片里同款的发型；那件蓝色真丝睡袍，或许就是祖母衣柜里一直舍不得扔掉的记忆；手里拿着的化妆品仍旧是我们至今还在使用的。她们的时髦比起今日的我们从未过时，所有的一切是在轮回中复苏。

子敬

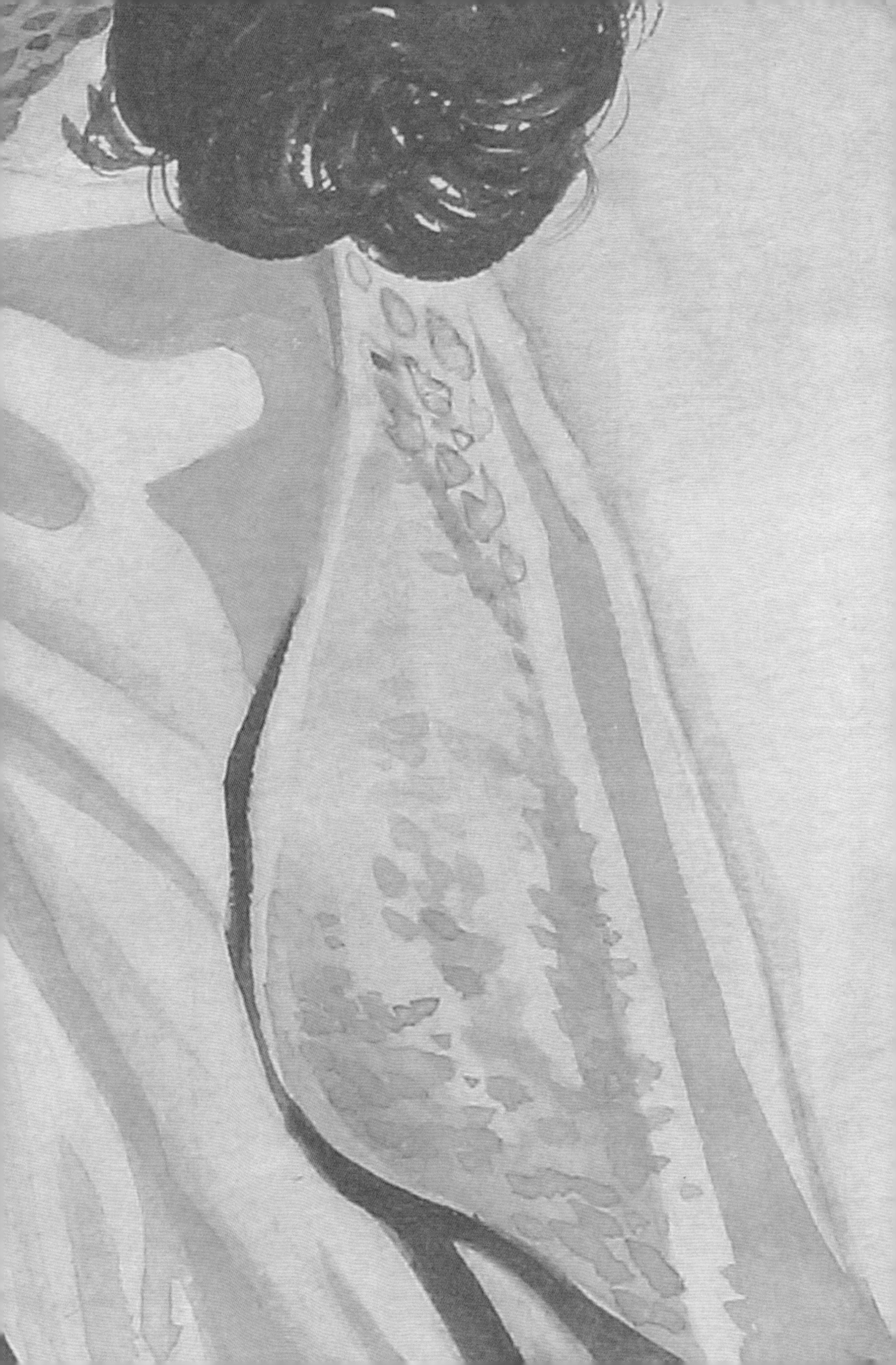

第三章

时尚风向

月份牌及旗袍

Fashion Trend

同时期，女性的服饰和妆容亦受到西方时尚潮流的影响，月份牌广告画家们敏锐地将这些时尚元素表现在他们的作品中：妩媚却不轻浮的眼神，艳丽的红唇，好莱坞女性的发型，一身婀娜多姿的旗袍，时髦大方的做派，精致的生活态度。这些充分展示了时代女性生活方式的变迁和时风的变换。

张爱玲在《更衣记》中说道："从17世纪中叶直到19世纪末，流行着极度宽大的衫裤，有一种四平八稳的沉着气象……削肩、细腰、平胸，薄而小的标准美女在这一层层衣衫的重压下失踪了。她的本身是不存在的，不过是一个衣架子罢了。"月份牌广告画的表现题材和审美倾向几乎同步于近现代服饰潮流的发展。从20世纪初至40年代，旗袍风行了30多年，款式几经变化，如领子的高低、袖子的长短、开衩的高低，使旗袍彻底摆脱了老款样式，改变了中国妇女长期以来束胸裹臀的旧貌，让女性体态和曲线之美得以充分展示。当时引领服饰潮流的摩登女郎、交际名媛、影剧明星等，在旗袍式样上的标新立异也促进了它的发展，其中唐瑛和陆小曼最早在上海创办的云裳时装公司更是走在了时尚的前端。自20世纪30年代起，旗袍几乎成了中国妇女的标准服装，普通妇女、学生、工人、达官显贵的太太无不穿着，旗袍成为交际场合和外交活动的礼服。

画家笔下的美人图搭载着当时最受欢迎的服饰与妆容，又在无形中催动了流行趋势。这些旗袍与月份牌广告画中的时尚互相佐证，映现出那个时代不断更迭的时尚风貌。

1910 | 20世纪初

清朝中期，旗女与汉女着装的界限已经不太明显，到了晚期更是互借互用。旗装慢慢地变得宽松大袖，而汉装开始变得越来越长，类似于旗服。

辛亥革命结束了中国两千年的封建君主专制制度，给人民带来一次思想上的解放。旗袍作为女性思想积极进步的符号而慢慢被越来越多的知识分子接受。女性刻意模仿男子身着这种长衫，表达了她们要求男女平等的诉求。

1 鼠灰缎绣折枝花卉纹女袄 / 粉红提花女裙

2 鼠灰缎地团冬青纹女袄 / 黑地提花缎钉珠花绲边女裙

这一时期，旗袍的形式除有汉服两截式，也有旗装长袍式。上袄下裙或上袄下裤是流行装束，上袄虽略有腰身，但仍欲以厚实的衣料来遮掩女子曼妙的身材。而旗袍的袖长逐渐缩短，小臂开始露出，女子的双臂在无声中得到了解放。

3 月白云纹暗花地皮球花提花缎蕾丝绲边衫裤套装

4 香色提花缎织花绲边铺狐皮衫裤套装

5 葡萄青暗花缎地彩绣蝴蝶花卉纹上衣

6 蓝缎地盘金花卉彩绣蝶鸟衫裤套装

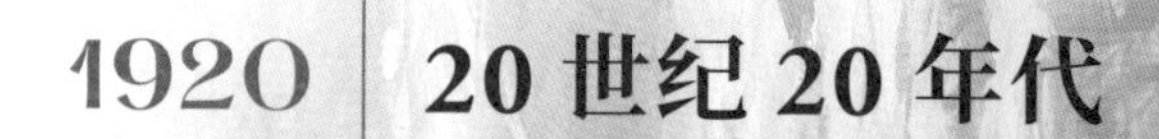

1920 | 20世纪20年代

辛亥革命胜利后，女子放足、剪发等解放运动在这一时期得到了蓬勃发展，长袍式的着装在全国也越来越普遍。随着新文化运动的开展，一些接受西式教育的女学生大胆地在旗袍上融入西式服装，特别是西式裙装的元素。她们借由旗袍解放身体，展现身体的弧线，旗袍的长度和袖长进一步缩短，“倒大袖”也开始流行，整体款式以宽松和不贴身裁剪为主，轮廓上趋于A形。它在时代推动中不仅保留了中国传统服饰的特征，同时又吸收了西方服饰元素，独特的中式美学开始展露雏形。

1920年左右，海派旗袍开始出现在少数女性身上，和上袄下裙并存。1925年后，该款旗袍得以改良，有了民国海派旗袍的雏形。

1 瓜瓤粉花软缎祥纹倒大袖袄 / 红绿底白色植物纹织锦缎短马甲 / 蓝色缎绣花卉图配盘金绣山河纹女裙

2 月白提花缎凤求凰纹倒大袖袄 / 绿地柳叶纹花绸长直身马甲

3

4

3 米色底粉蓝几何图案织锦缎（反用）倒大袖直身旗袍

4 印花绵绸袖蕾丝长马甲旗袍

5 粉橘提花缎几何纹倒大袖直身旗袍 / 月白缎绣柳叶锦地图瑞兽纹西式外衣

5

1930 | 20世纪30年代

随着旗袍在大众中的普及，旗袍也迎来了发展的黄金时代。这个时期的旗袍从服装裁剪、样式、图案、搭配、面料等方面都呈现出了中西交融的特点，不仅采用的布料多样化，而且开始流行在旗袍外搭穿西式服装。此时的袍身开始出现分衩，并在随后的时间里呈现开衩增高又降低的趋势，剪裁上做了收腰处理，突出了腰、臀的曲线，展现了女性的身体曲线。

与此同时，领子高度与旗袍长度一样，也经历了由低到高再变低的流变。袖长紧跟旗袍的长短进行变化，甚至出现了距离肩仅一两寸的长度。腰身裁剪开始呈现出女性的婀娜身姿，且出现了各种流行式样。

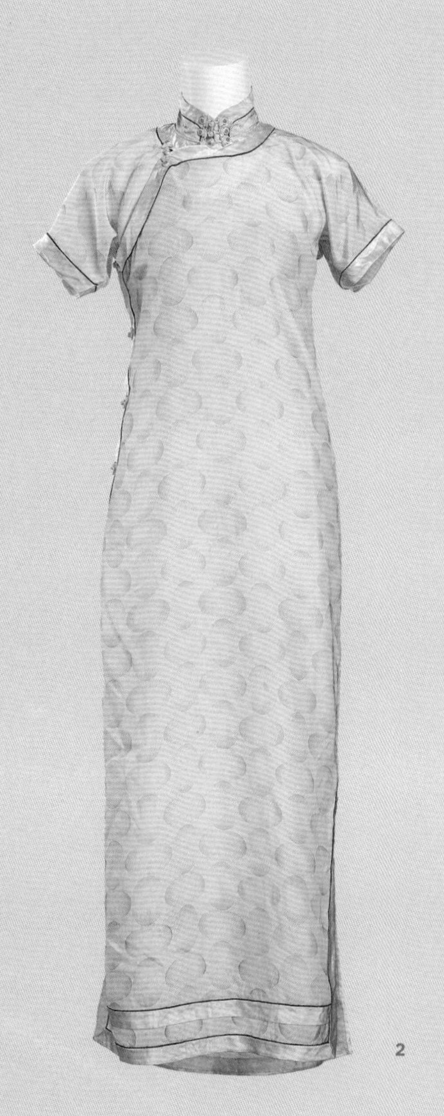

1 茶褐几何纹绉绸旗袍

2 印花几何纹丝缎旗袍

3

4

5

3 茄紫蝶双绉丝旗袍 / 粉褐色提花双绉缎短上衣

4 黑色蕾丝旗袍 / 黑色蕾丝坎肩

5 橘色底荔肉白缎纹花卉烂花绒旗袍

到了20世纪30年代末，改良旗袍出现，运用更多的西式剪裁方法，垫肩、拉链、装袖等得到运用。这些旗袍服饰的发展线索，甚至是微妙的细节变化，都可以在月份牌广告画中得到充分的印证。

6 秋香缎绣折枝花卉纹旗袍

7 嫩黄绉丝贴花饰边旗袍

1940 | 20世纪40年代

上海作为当时全国时尚风向标，欧美流行设计往往在不久后就可以在上海出现。随着名媛的参与及月份牌的传播，这种大量融入了西方立体裁剪的服饰迅速以上海为中心，在全国发散开来。旗袍的袖长在这一时期开始出现了无袖，女性的肢体更多地展现在世人面前。面料也开始多样化，除了传统的绸缎，还有西洋印花、织花、挖花等面料，以及人造棉、化纤、丝绒、毛呢等西洋面料，也流行了起来。此时的旗袍也出现了垫肩与拉链。

1 绿地绣球花纹烂花绒旗袍

2 冰蓝地银色叶片纹蕾丝旗袍

3 鹦蓝平绒压倒绒枝叶纹粘金箔长袖旗袍

4 茄紫斜纹素色绸（反用）绲同色素绉缎边旗袍 / 肩斜纹狐皮大衣

5

6

5 绿色缎提花绒旗袍

6 油绿提花真丝缎旗袍

20世纪30年代初期，用阴丹士林蓝布面料做的旗袍，深受年轻女孩子，尤其是女学生的喜欢，穿一件阴丹士林布做的衣服，令人觉得特别干净平整。汪曾祺先生的散文《金岳霖先生》一文里曾经写道：“那时联大女生在阴丹士林旗袍外面套一件红毛衣，穿蓝毛衣、黄毛衣的极少……”那是一种不动声色的典雅，单纯的青蓝色有着其他质地旗袍所不具备的书卷味。

1931年，光华机器染织厂率先用龙船牌商标生产此产品，并按照控制染料处方的德孚洋行规定，贴上“阴丹士林190号蓝布”和“晴雨”标签。这种朴素大方、经济耐用的布料，可以满足各层次顾客的需求，因此很受人们喜欢。影后胡蝶、当红明星陈云裳等众多美女为阴丹士林布做的月份牌宣传广告走俏都市乡村，产品畅销大江南北，家喻户晓。学生争穿阴丹士林做的校服，时髦女郎穿阴丹士林做的旗袍。时至今日，阴丹士林仍然是许多人耳熟能详的字眼。

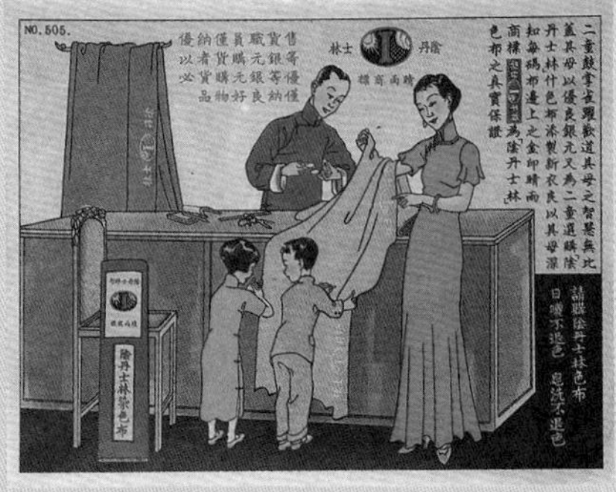

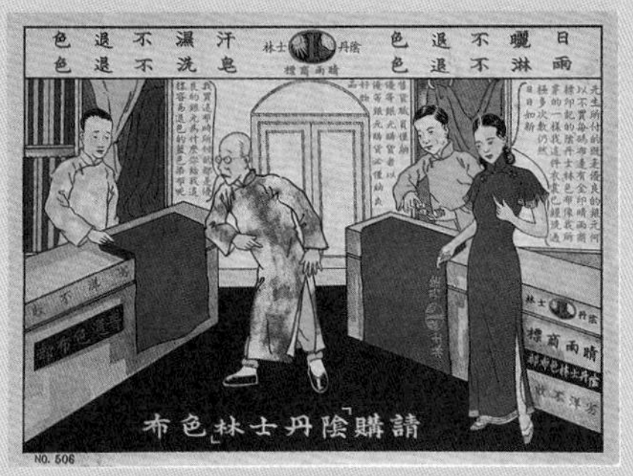

阴丹士林布旗袍

这件色号200的阴丹士林布旗袍，蓝缎包边压白缎绲边，搭配精致的桃形蓝白双色盘扣，裁剪流畅，贴身的线条勾勒出旗袍的形制之美，通身简约素净，随着走动隐约露出白色缎面/蕾丝镶边里衬，暗藏心思，不经意间流露出别样的风情。芳华虽已逝去，其所散发出来的魅力就像广告中写的那样“永不褪色”。

第四章

留有余音

——月份牌的探究

Lingering Sound

月份牌广告画一开始就蕴含着年画要素，那就是内容为人们喜闻乐见，色彩明亮鲜艳，形象俊美，刻画细腻，符合大众的审美要求。

月份牌的商品宣传功能在20世纪50年代逐渐消失，但其审美功能仍然保留着，并未消亡。月份牌广告画家们用不断精进的技法描绘着新的社会风貌，创作出大量反映劳动人民对幸福生活的希望与追求的"新年画"，这些画为一代人刻下了不可磨灭的时代记忆。

作为年画界元老的金梅生，月份牌年画艺术所具有的通俗、易懂、喜庆、向上的大众特色都融汇在他的作品中。

李慕白和金雪尘是早期月份牌崛起时"穉英画室"的主将、后来"李慕白画室"的掌门人。20世纪50年代，他们为强烈的时代责任感所驱使，创作的题材十分广泛，如反映现实生活新人新事、戏曲舞蹈、吉祥颂词等。

谢之光的画中西并用，他十分强调灵动与气韵，常说画画要"松"，要"白相"（玩的意思），这也可解释为画画要拒绝"拘泥"和"呆板"。

遗憾的是，这些画家自20世纪50年代起的漫长从艺生涯中再也没有真正画过一幅以近现代女性为内容的月份牌广告画。如今，月份牌广告画已然成为研究中国近现代社会文化史、商业广告史的重要佐证，画中所表现的审美趣味仍然出现在形形色色的"今日美学"之中。

《花伞舞》

20 世纪 50 年代 | 金梅生 | 纸上水粉 | 46.5×73.2cm

花伞舞起源于唐代，是中国传统民间舞蹈之一。20世纪50年代，各级歌舞团经过改编，借用芭蕾舞的特点将其改造为独具特色的舞蹈形式，并且风靡全国。

《扇舞》

20 世纪 50 年代 | 金梅生 | 纸上水粉 | 74×51.5cm

扇舞起源于魏晋南北朝时期，多为女性手持花扇进行舞蹈表演，此后又发展出单扇舞和双扇舞两种形式。扇舞动作细腻，节奏变化多，既能体现出女性灵动的身段，又能表现出中华儿女的淳朴与友爱。

《拾麦穗》

20 世纪 50 年代 | 金梅生 | 纸上水粉 | 76×53cm

20世纪50年代的教育理念，不仅注重学习，更注重培养社会主义接班人的劳作能力。学校经常为低年级学生组织一些拾麦穗等力所能及的劳动锻炼活动。

梅生

《踢毽子》

20 世纪 50 年代 | 金雪尘、李慕白 | 设色纸本 | 47×73.5cm

毽子起源于汉代，兴盛于隋唐，具有一定的竞技性和观赏性，是中国传统的民间体育活动。20世纪50年代以后，随着“德智体全面发展”口号的提出，全国中小学纷纷开展课间课后体育锻炼，踢毽子由此成为孩子们喜爱的活动。

《老师早》

20 世纪 50 年代 | 金雪尘、李慕白 | 75.2×49cm

为了弘扬尊师重道的传统美德，20 世纪 50 年代，校园开始推行一整套礼敬师长的规范用语。其中最为耳熟能详的，就是学生在入校那一刻，向老师敬礼并道一声“老师早”。

说明：年画"老师早"系我老师李慕白、金雪尘先生合作之作品
由北京《人民美术出版社》于1959年出版 2014.8
老師早
金雪尘 李慕白 合作

《上课了别迟到》

20 世纪 50 年代 | 谢之光 | 71.8×50.5cm

画面中对孩童神态和动作的细致刻画，无不体现着当时孩子们鲜活的学习生活，他们朝气蓬勃，象征着新中国焕发出的强大生机活力。

附录

偏差与未来

致敬当代艺术家

Contemporary Approach

这一部分展示了当代艺术家对月份牌及旗袍的重新创作和演绎。艺术家们企图在传统与现代的摆荡中，找到一个新的定位，通过将西方和亚洲的艺术混合成一种可触知的载体来醒发艺术。

中国艺术家薛松以20世纪二三十年代的月份牌穿插到中国古代山水画、书法中，重构出一种全新的观看与阅读方式。他的创作采用拼贴的观念，跳脱了媒材的限制，在挪用、操控和掏蚀中创造出属于他个人的记忆和遗失的世界。

英国艺术家约翰尼・汉拿(Jonny Hannah)以其固执的工艺美术审美情趣与手绘的维多利亚风格美术字，呈现他眼中的全新月份牌。

英国艺术家彼得・劳埃德(Peter Lloyd)使用波普艺术的调侃与对女性刻板印象的反讽，刻画出时髦女性的新形象。

日本设计师高田唯(Takada Yui)借野蛮的几何与大胆的新丑风格，重新演绎旗袍面料图案的设计，显现当代旗袍的新可能。

这些艺术家们的创作或许不能为实际意义上的月份牌未来的探索铺陈方向，但至少他们从一个陌生又近似的语境中，给出了对我们所处时代全新的观照。这是一种鼓舞，也是一份尊重。

薛松，毕业于上海戏剧学院舞台美术系。其作品特点是将现成的图片、文字画面烧烤后，加以分配、重组，再拼贴于画布上。这一破坏与重生、解构与建构的过程，建立了独特的创作意义，产生崭新的视觉效果。

何日君再来

约翰尼·汉拿，毕业于皇家艺术学院和利物浦艺术学院。汉拿给人的印象经常是身着宽领羊毛衫，戴着一只奇怪的领结，脚踩着拷花皮鞋，就如同从他的作品中走出来一般。其作品充斥着对于“逝去的时代”固执的留恋与庆祝，他将维多利亚风格美术字平民化，使雕版印刷手感化，融合不同的艺术元素，制造出怪诞直接的戏剧性。

CUT HERE
PAR
Tattoo

彼得·劳埃德，毕业于皇家艺术学院和温切斯特艺术学院，现任英国南安普顿大学艺术与时尚学科系主任。劳埃德热衷于“人物”，这不是一种简单的刻画或描摹，而是对于“身份”这一概念的思考与挑战。从劳埃德的艺术作品中，人们可以看到五颜六色的华服、贴花织物以及刺眼的拉丁色调。

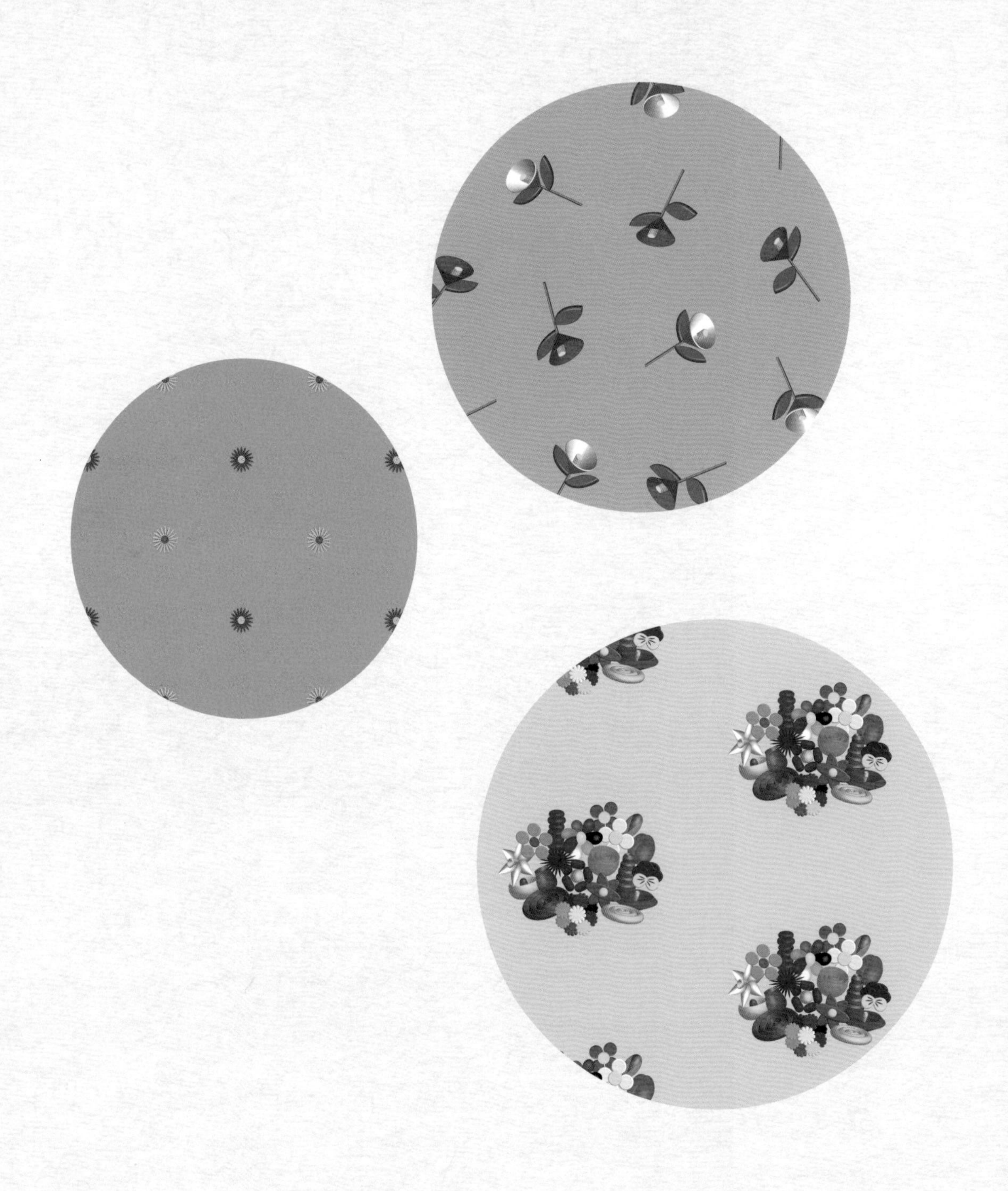

高田唯，毕业于桑泽设计研究所，现任东京造型大学副教授，先后于田中一光（日本国宝级设计师）与水野学设计事务所任职。在中国，高田唯被认为是“新丑风格”(New Ugly)的代表，其创作风格表现出一种更为坦诚和直接的姿态。他所宣扬的新丑，并不是后现代时期的复制和延续，而是作为现代主义理性设计的对立面而存在。

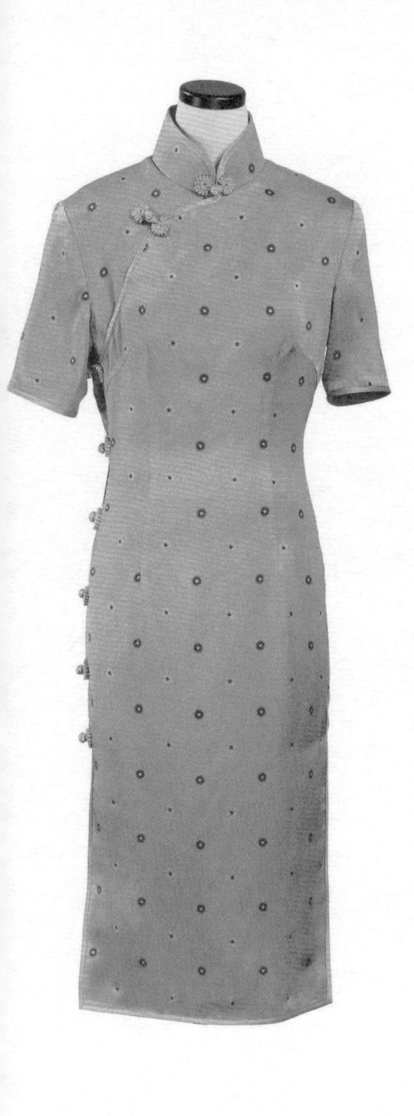

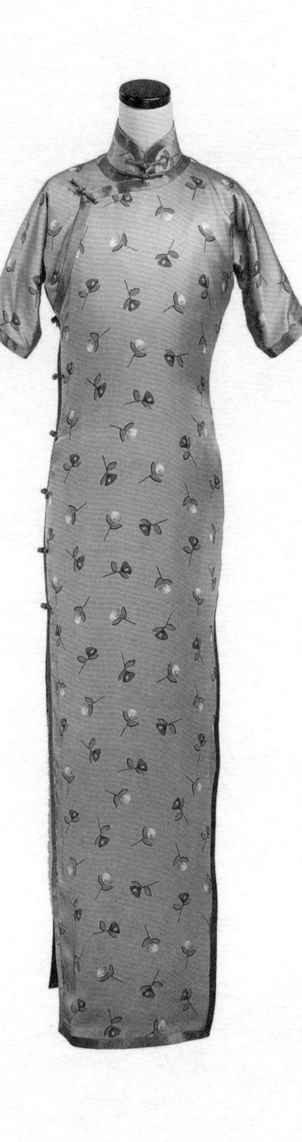

上海人民美術出版社

玩古玩和艺术品收藏，主要目的是增
值，要不断将自己收藏的艺术品了[illegible]行更
新、淘汰，把第一流的有代表性的既有艺
术价值又有历史价值的好东西留下，把次要
的二三流的抓住机会卖出去。一是资金的周
转，二是买进更高级的东西，三是对自己的
进的东西在买卖进行中对自己的一个评价，也
是提高水平的实践。在买的过程一定要冷静。
我就是用低价位过程中提高自己的。这样
不会失手。不要样样想要，包罗万象。要有取
是一流的增值太小。这次转卖的九种，只有
[illegible]。（金、李先生）天安门群众（青年十年献典
[illegible]随便叫吧）二张水彩画，谢之光还可
[illegible]也不错，其余都可以出手。
[illegible]的需要，月份牌留五张，把
[illegible]从开创到高峰有代表
[illegible]示着[illegible]有水平了，当然很
一个画种100年过程
性一样，精作品
[illegible]

[illegible]的代表了。
[illegible]印证了，多看画才能心明。
[illegible]一句话：实践出真知。
[illegible]眼亮。
“中国没油画”是指中国的油画是地域
性的，一个国家的，没有达到世界级的艺术

谨以此书献给我的父辈们

[illegible]

白先生浙江镇海人，一九三二年十
时丁悚英画室工作，悚英画室由
英、李慕白、金雪尘三人组成，他们
胸曼陀画风，将海派月份牌
格形成奠定了基础，他们的
方绘画技法加以溶化和技
画法于一炉，他们是胸画
份牌的继承者和画
先生一直是上海月
川逝世，享誉海内外

水平。
李慕白先生
四十年代较
稚英作品
主於油画创作
具作品，是
美术界

那一个
而言，有

就越见有
你有人家都
中国人，中国民

趣而且，印象只有一二幅。
李慕白先生作品有个鲜明特色
中明确，形式新颖，持久耐看。构图
满充实，色彩鲜明，刻划细致，人物形
油画有肖像画，三十
画名人肖像，
肖像要由中央
须完整，精美，微有些夸张手法，达
大胆掌握，审
刻传神，这种精细
慕白先生北上
内油画界尚属
富于现实性，又直
生活很受群
的风格在国
内容晓

心里亮堂远。
现将东西，不是财大
吃亏上当的事，爱强
隔山，还是一个学字。
听得进，聪明人聪
才明白有就聪明了
事事
更是一事情要学会商
商量，不要商量
什吃了不少亏，走了不
才能更上一层楼。
（2000.12.初）

参考文献

龚建培.摩登佳丽——月份牌与海派文化[M].上海:上海人民美术出版社, 2015.
素素.浮世绘影:老月份牌中的上海生活[M].北京:生活 · 读书 · 新知三联书店, 2000.
陆慧, 彭才年.20世纪30年代老上海月份牌广告画特征研究[J].美术研究, 2006.
蒋英.老上海月份牌广告画研究[D].南京:南京艺术学院, 2003.
钱宇.略论月份牌广告画[D].苏州:苏州大学, 2003.
林家治.民国商业美术史[M].上海:上海人民美术出版社, 2008.
月份牌绘画与海派服饰时尚[J].民族艺术研究, 2011.
刘瑜.中国旗袍文化史[M].上海:上海人民美术出版社, 2011.
王伯敏.中国绘画通史 · 下卷[M].北京:生活 · 读书 · 新知三联书店, 2000.

图书在版编目（CIP）数据

民·潮：月份牌图像史 / 张信哲，张艺安编著．
——上海：上海人民美术出版社，2021.8（2023.8 重印）
ISBN 978-7-5586-2106-2

Ⅰ．①民… Ⅱ．①张… ②张… Ⅲ．①历书－研究－
－中国 Ⅳ．① P195.2

中国版本图书馆 CIP 数据核字 (2021) 第 111532 号

出 品 人 | 顾　伟
统　　筹 | 邱孟瑜
乐　坚

民·潮　月份牌图像史

编　　著 _ 张信哲　张艺安
撰　　文 _ 邢　池　张　伟　陈艺芬　杭鸣时　薛理勇
设　　计 _ 北京三才元通
封面设计 _ 究方社
版面设计 _ 纸本作业
责任编辑 _ 张　璎
助理编辑 _ 朱卫锋
文字整理 _ 沈若基
技术编辑 _ 齐秀宁
摄　　影 _ 徐　昊
审　　稿 _ 徐广华
制　　作 _ 顾　静
出版发行 _ 上海人民美術出版社
上海市闵行区号景路 159 弄 A 座 7F
邮编：201101　电话：021-53201888
网　　址 _ www.shrmbooks.com
印　　刷 _ 上海雅昌艺术印刷有限公司
开　　本 _ 889mm×1194mm　1/16　11 印张
版　　次 _ 2021 年 8 月第 1 版
印　　次 _ 2023 年 8 月第 2 次
书　　号 _ ISBN 978-7-5586-2106-2
定　　价 _ 198.00 元